迷你花园
打造你的玻璃生态瓶

U0334027

迷你花园

打造你的玻璃生态瓶

（澳）克丽·克雷根／著　戴巧／译

華中科技大學出版社
http://www.hustp.com
有书至美
BOOK & BEAUTY

目录

什么是玻璃生态瓶

玻璃球里的生态星球

欢迎来到玻璃生态瓶的奇妙世界。这些微型生物群究竟是什么？玻璃生态瓶实际上就是装了泥土、石块和植物的玻璃容器。这些迷你花园模仿着真实世界的景观，为室内空间增添绿意，带来大自然的气息。玻璃生态瓶维护需求低，而且十分简单。“可是我总是把花养死！”我已经听到有人这么说了。别担心，玻璃生态瓶将是你完美的绿植伴侣。

我生活在一座大城市中，生活方式也和大多城市居民一样，每天花很多时间盯着电脑屏幕，与大自然接触甚少。家中虽然也有星星点点的几棵植物装点门面，只不过它们常常垂头丧气的，每次度假回来，它们多半已经枯萎。我总说自己是“懒惰的养花人”，常常忘记给我的植物浇水。我曾经对盆栽十分着迷，可不幸的是发生了许多“惨剧”。盆栽需要精心维护，和我“悠闲”的养花方式并不契合。大约7年前，在一家旧货商店闲逛时，我偶然发现了一本1975年出版的关于玻璃生态瓶的旧书。书中全是玻璃生态瓶的照片，那些封闭玻璃容器中的微型生态群，就像一个个迷你花园，令人着迷。

这些迷你花园的魅力之处不仅在于它们的颜值，还在于它们自给自足的生态环境。我立刻就被吸引住了！很快，我把每一个能找到的玻璃容器都变成绿意盎然的小世界。我通过网络、二手商店和集市，搜罗各种各样奇形怪状的玻璃器皿，然后利用它们创作迷你花园。我变成了玻璃生态瓶控！它将我所喜爱的设计、自然以及一切“迷你”的东西结合在一起。工作时与植物、自然接触的感觉让我迷恋不已。很快我们家就堆满了玻璃生态瓶，于是我产生了经营玻璃生态园艺生意的念头。不久之后，我的迷你花园就开始出现在墨尔本街头巷尾的商店、咖啡馆和办公室中。现代玻璃生态瓶重新开始流行，而我很幸运，成为这股潮流的一分子。

在这本书中，我将介绍如何制作属于你自己的迷你花园。像我一样，你不需要具备高深的园艺技巧，也能成为玻璃生态园艺家。本书将一步步指导你创作美丽的玻璃生态园艺艺术品，不论季节、天气如何，它将常年陪伴着你。我们将学习关于土壤、岩石和苔藓的基础知识，学习使用各种工具进行种植，学习如何选择植物、容器以及装饰物。书中还有16种样式供你参考，你将发现玻璃生态花园是多么简单而又多样。很快你就能学会并创造属于你自己的迷你花园，这也能作为完美的“绿色”礼物，它会比花束更让人激动。希望你和我一样享受这种微型园艺的快乐。

前方预警：玻璃生态花园会让人上瘾哦！

玻璃生态瓶如何运作

你还记得自然课上学习的光合作用的过程吗？如果不记得了，让我们快速复习一下。

植物利用光、土壤和空气为自己制造能量。叶片吸收二氧化碳与阳光，根部吸收水分，植物利用这些制造葡萄糖，然后转变成能量。接着，植物将氧气释放到空气中。

在封闭的玻璃生态瓶中，玻璃吸收光线，内部温度升高。这会增加叶片水分蒸发，在玻璃生态瓶内部形成冷凝水。玻璃容器内壁上形成水滴或雾气，水汽集聚，“雾气”开始发挥和云朵一样的作用。水汽“下雨”一般落到土壤中，开始下一个循环。

密闭的玻璃生态瓶因此可以生长数年而无需额外添加水。它形成了独立的微型生态系统，因为土壤中的水不会蒸发流失，而空气不断循环。在这种稳定的微气候系统中，植物将茁壮成长。

在敞开式的玻璃生态瓶中，呼吸作用正常进行，但是水分会流失，所以需要定期浇水。敞开式玻璃生态瓶更适合种植仙人掌、多肉植物和其他喜欢空气流通和干燥环境的植物。

记住，合适的光线、水分和湿度，能让玻璃生态瓶中的植物更健康美丽。

准备工作

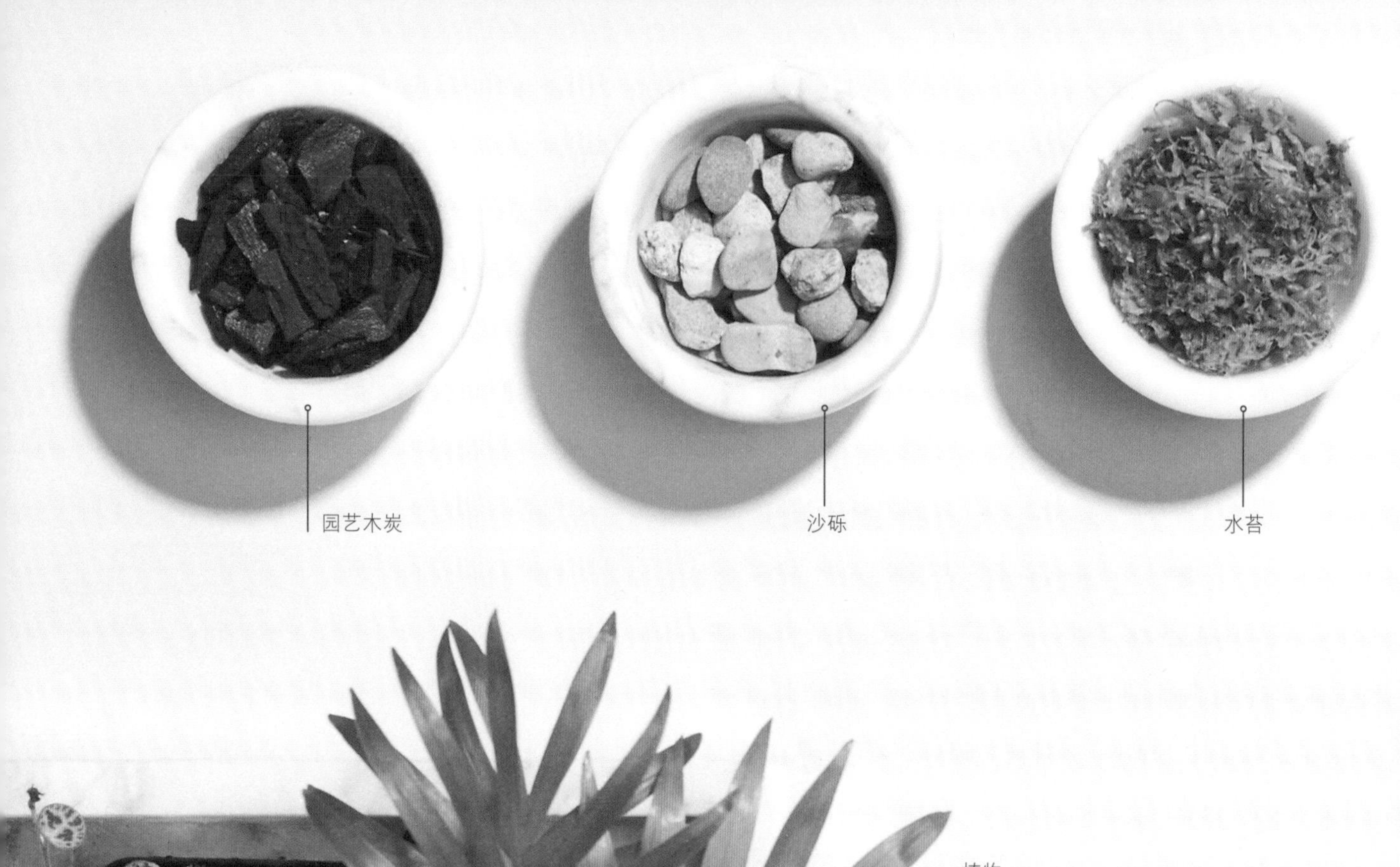
园艺木炭
沙砾
水苔

植物

基础知识

一个健康的玻璃生态花园需要满足一些关键因素。
我觉得搜寻合适的材料是最花时间的工作，种植本身其实相当简单。
就像做菜一样，开始烹饪之前，你首先需要准备好各种食材。
同样，在制作玻璃生态瓶前，也要把各种材料准备好，
这些基本要素在构建玻璃生态瓶时非常重要。

位置与容器类型

- 你准备把玻璃生态瓶放在哪里
- 光照水平（决定你将使用何种植物）
- 容器的尺寸与形状（植物有多少生长空间）
- 容器是敞开的还是封闭的

基础装备

- 玻璃容器
- 鹅卵石、沙砾或岩石
- 活性炭或园艺木炭
- 园艺土
- 植物

可选装备（让你的玻璃生态瓶更具个性）

- 苔藓
- 小摆件
- 石块
- 腐木
- 贝壳
- 水晶

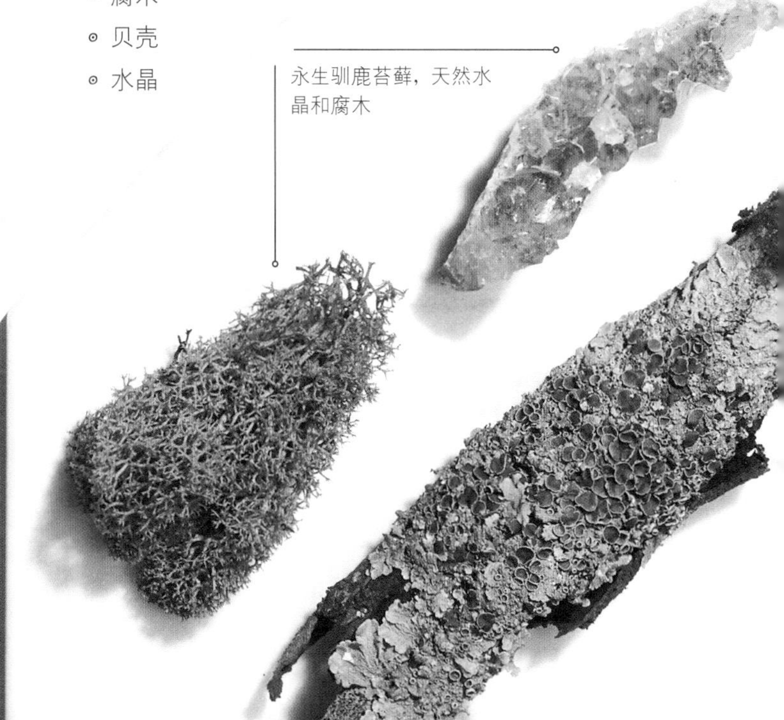

永生驯鹿苔藓，天然水晶和腐木

设计

观察自然界中植物如何在一起生长，会给你带来玻璃生态花园最佳的设计灵感。到树林里散步，或者参观当地的植物园，留意景观的不同层次和结构如何组合，找到你想要用玻璃生态瓶复制的风景。

下一步就是为你的玻璃生态花园制定主题：森林、沙漠、食虫植物或者空气凤梨。封闭容器和开口较小的容器适合森林植物群落，开口容器则适合打造沙漠、食虫植物及空气凤梨等主题。容器的尺寸和形状决定了可种植植物的数量。小型玻璃生态瓶只需一棵植物、一枚装饰石块和少量地被植物就足够了。大号容器中可以种植3—5棵植物，但是一定要确保容器内植物不会过度拥挤，因为植物还需要生长空间。

比较理想的方式是尽量包含以下几种植物：

- 地被植物
- 1棵较高的植物
- 几株中等高度植物

设计玻璃生态花园时，在种植前先试着将植物在容器中摆放一下位置，或者把你希望打造的效果画成草图。尝试不同层次的土壤，制造不同的地形——平地、小山和山谷，这将增加景观的趣味性。我觉得奇数数目的植物搭配在一起更好看。挑选一棵植物占据主要位置，再选取不同高度、质感、颜色和形状的植物来衬托它。旋转你选择的容器，决定让哪一面作为正面。尝试调整植物的位置，将较大的植物放置在生态瓶的中央或后部。

容器

所有透明玻璃容器都可以变成玻璃生态瓶。
迷你花园具有无限可能性！

你可以在旅行中留意寻找有趣的玻璃容器；也可以在二手店、礼品店、花店、集市、旧货摊、古玩店甚至网络上找到适合的玻璃容器（国外的Ebay和Etsy、国内的淘宝、京东等购物网站上都能找到许多玻璃器皿）；你还可以去自家厨房看看，合适的玻璃容器说不定早就在那里等着你发现了——糖果罐、大罐子甚至玻璃色拉碗都可以拿来制作玻璃生态瓶。

我只用透明玻璃容器，因为有色玻璃会过滤掉光谱中一部分植物生存所需的光。塑料容器也能用，但是塑料不容易调节温度。

大号腌菜罐、大口烧杯、
花瓶、大号酸瓶、
香料瓶、钟形罩、
糖果罐、碗、马提灯、
鱼缸等等都可能成为
玻璃生态瓶的容器。

你所选择的玻璃容器类型将决定你的迷你花园风格

在使用前，首先用温热的肥皂水对玻璃容器进行彻底清洁。将肥皂水冲洗干净，清除贴纸或标签，然后把玻璃容器晾干后再开始种植。

带盖的封闭容器或小开口容器适合喜欢高湿度的热带植物和蕨类植物。

敞口的碗碟适合多肉植物和空气凤梨，这类植物品种丰富，而且无法在封闭容器内生存。

你也可以选择敞口容器种植热带植物和蕨类植物，但这样需要增加浇水的次数。

用细颈玻璃容器制作玻璃生态瓶并不容易。你需要特别的细长工具种植植物，此外狭小的开口会限制植物品种的选择，养护和清洁也会更困难。一旦熟练掌握制作玻璃生态瓶的技巧之后，你也许会喜欢上这种挑战。

封闭玻璃容器

敞口玻璃容器
玻璃瓶

准备植料

优质的园艺混合土对玻璃生态花园而言至关重要。
由于玻璃容器的排水性不佳，所以你需要疏松、透气性好、富含营养的土。
用对土能够延长玻璃生态瓶的生命。

我建议你去附近的花卉市场或园艺商店购买成品园艺土，因为这些园艺土经过杀菌。如果可能的话，选择没有添加肥料的园艺混合土，因为我们并不希望植物长得太快。

还可以选择其他类型的植料：泥炭土富含有机物，储水能力强；园艺沙（与沙滩的沙子不一样）是所有土壤增加排水性的关键成分，帮助保持空气与湿度；你也可以用珍珠岩来替代园艺沙，原理相同，珍珠岩能够增加土壤的透气性。

避免使用直接从花园或花坛里挖来的泥土，因为这种泥土水分含量太高，还可能含有藻类和害虫。

- 森林或热带植物玻璃生态瓶，可使用通用园艺土或非洲堇（African Violet）专用园艺土。
- 沙生植物玻璃生态瓶更适合排水迅速、疏松的园艺土，比如仙人掌和多肉植物专用土或棕榈、柑橘树专用土。
- 食虫植物喜欢酸性的、吸水性强的植料，所以可以将泥炭土和园艺沙以1：1的比例混合使用。

使用混合园艺土时要注意，为了避免土壤颗粒进入口鼻，需要佩戴手套和一次性口罩，并在通风良好的区域操作。种植完毕后记得要彻底清洁双手。

使用大勺子或铲子往容器中添加土壤，如果开口比较小，也可以用漏斗将土壤添加到位。

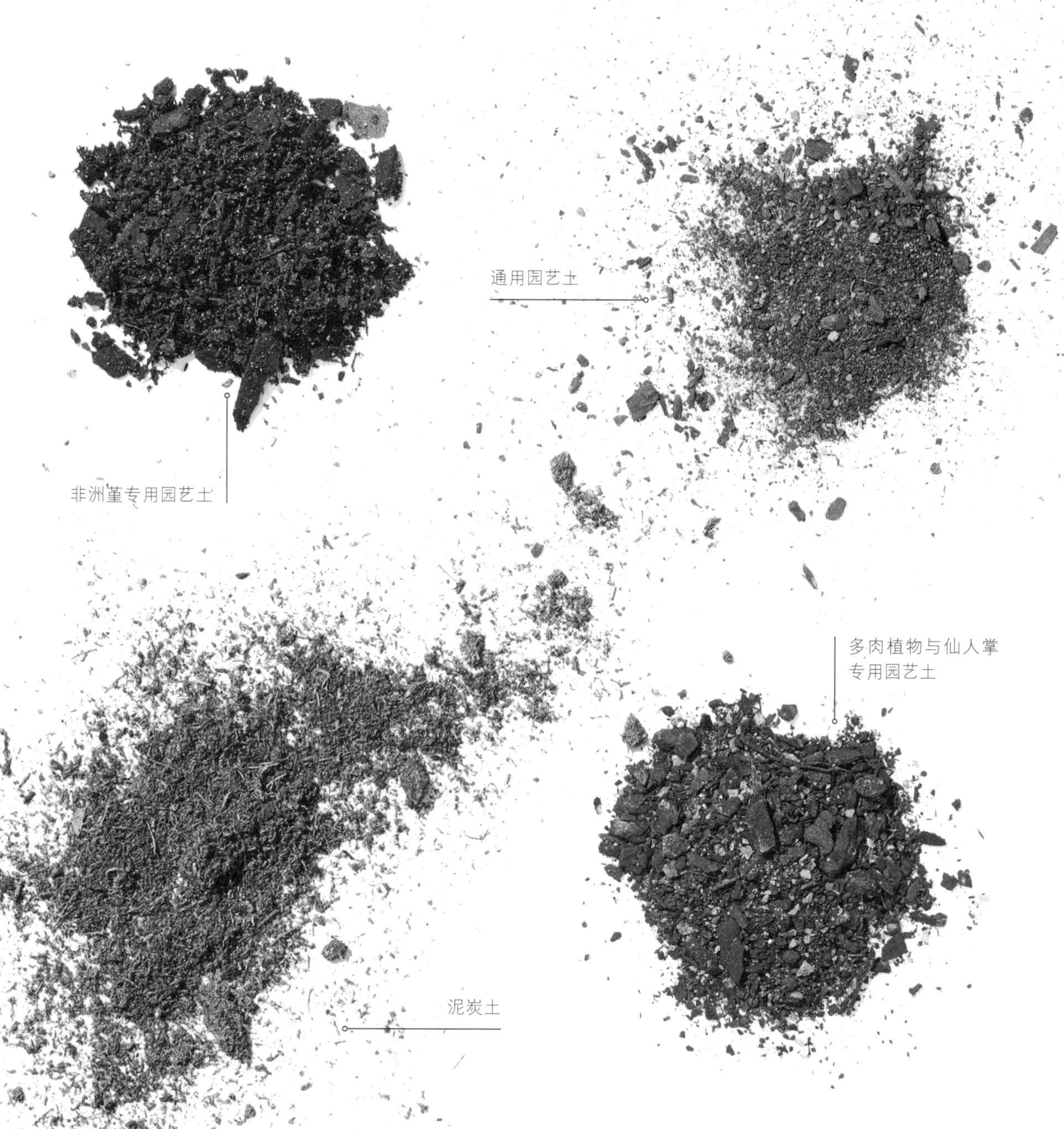
通用园艺土
非洲堇专用园艺土
多肉植物与仙人掌
专用园艺土
泥炭土

大石块
鹅卵石
玻璃珠
砾石

石料

石块、卵石和砾石对玻璃生态瓶的健康非常重要。

首先，它们构成排水层；其次，它们可以用于装饰花园表面。石块和卵石可以构造出山谷、岩架、小山和悬崖的轮廓，增添高低起伏的地形能让你的花园更像是来自自然界的风景。

我在制作玻璃生态花园时，经常使用3种不同尺寸的石头。若干凹凸不平的石块模仿巨石；光滑的石头和砾石（或者细沙）放在周围或做成河床，效果也不错。我觉得将石头集中放置比把它们分散开看起来更好，不然显得景观没有重点。挑选石块和小石子时，尽量挑选接近的尺寸和同系的颜色。

在花卉市场、建材店或者水族用品商店能找到各种各样的玻璃珠、砾石和石块。去花园或外出散步时，也可以留意有没有合适的石块。

记得将石料清洗并晾干，清除可能的有害物质和尘土。

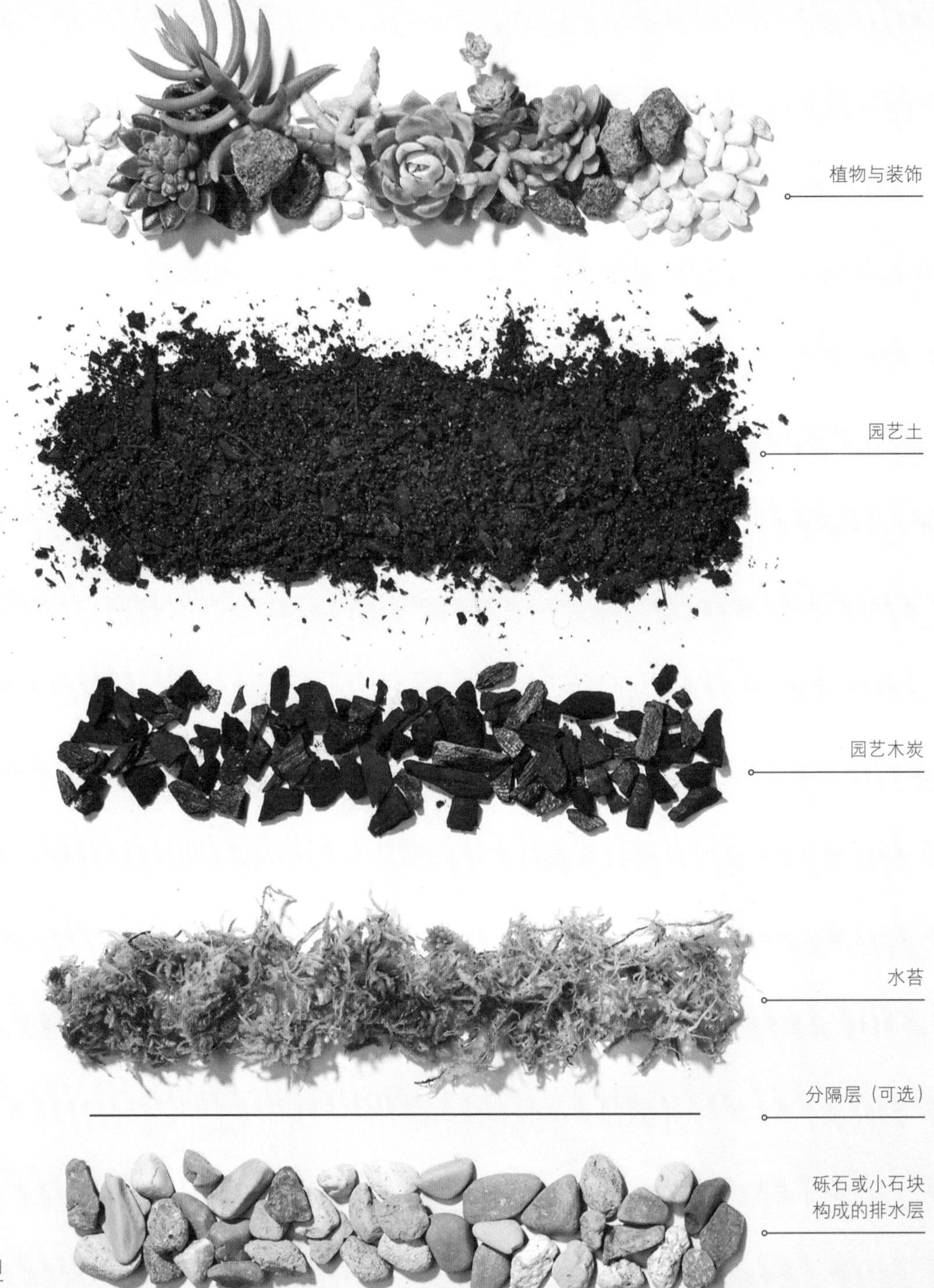
植物与装饰
园艺土
园艺木炭
水苔
分隔层（可选）
砾石或小石块
构成的排水层

层次

由于玻璃容器无法排水，所以制作出不同的植料层次才能有利于玻璃生态瓶的养护。

- 最底层铺小卵石或砾石，用于排水和透气。
- 讲究的话可以加一层分隔层，预防上层的植料落入下面的排水层。我习惯用包肉纸（butcher's paper）做分隔层，因为植物的根须不会受其阻碍。你也可以选择纱窗布、防草布或利用其他边角废料。先沿着玻璃容器周围画出轮廓，然后剪下来（比玻璃容器内径小1厘米）。将分隔层置于底部排水层上方，然后加一层水苔，将水苔沿着玻璃容器内壁压紧压实，以防土粒下落。
- 第三层是园艺木炭，主要目的是保持土壤新鲜，去除异味。这是玻璃生态瓶的秘密配料。你可以在园艺用品或水族用品商店买到它。
- 第四层是园艺土。这一层的厚度应当约占容器高度的¼，当然别忘了给你的植物留下足够的生长空间。
- 最上层就是植物、铺面石以及任何你喜欢的装饰物。

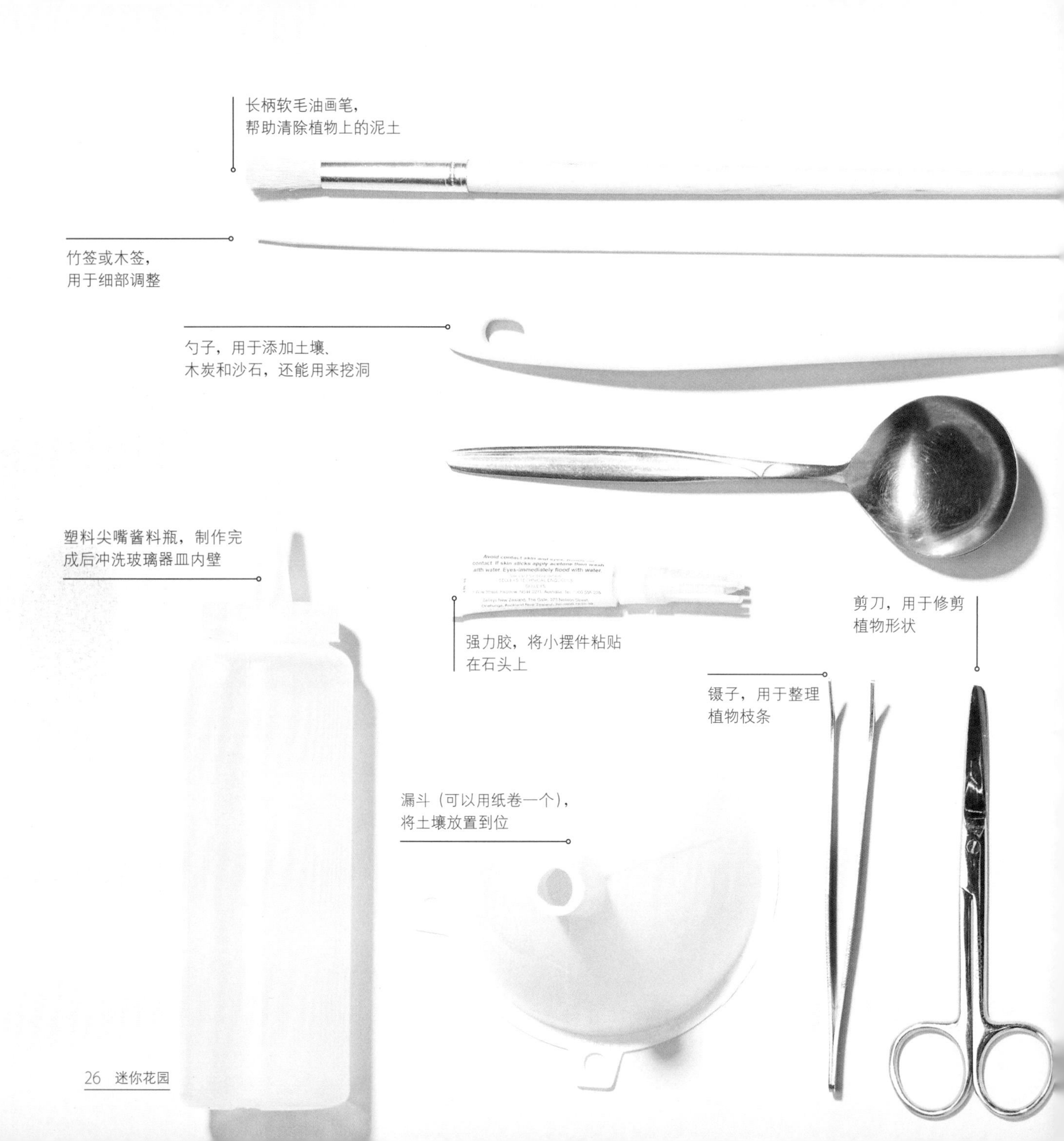
长柄软毛油画笔，
帮助清除植物上的泥土
竹签或木签，
用于细部调整
勺子，用于添加土壤、
木炭和沙石，还能用来挖洞
塑料尖嘴酱料瓶，制作完
成后冲洗玻璃器皿内壁
强力胶，将小摆件粘贴
在石头上
剪刀，用于修剪
植物形状
镊子，用于整理
植物枝条
漏斗（可以用纸卷一个），
将土壤放置到位

工具

准备一些简单的工具，
帮助制作和养护你的玻璃生态瓶。

在很多情况下，你可以利用家里已经有的小工具。记住，玻璃器皿开口越小，你就越需要利用工具进行操作。所以如果不想太麻烦，尽量选择你的手能伸进其内部的容器。

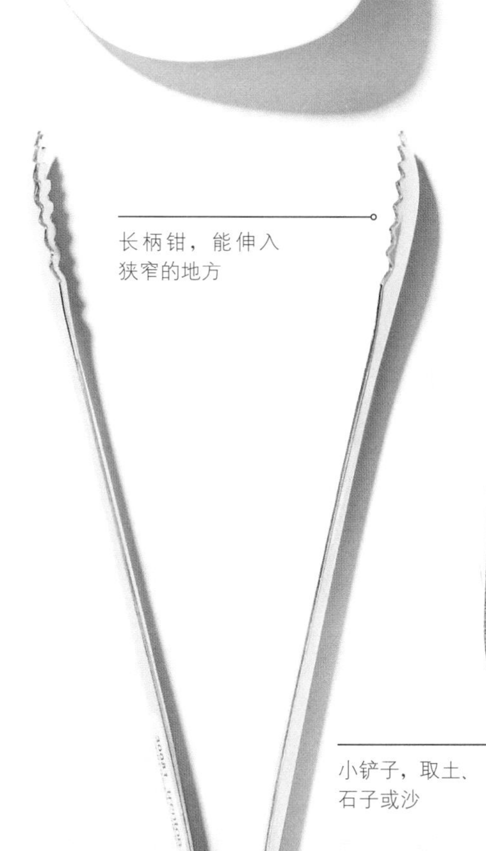

长柄钳，能伸入狭窄的地方

小铲子，取土、石子或沙

喷壶，给植物浇水

选择合适的植物

玻璃生态瓶的黄金定律之一是挑选合适的植物。
想想自然界中植物是如何一起生长的，
这非常重要。例如不能将沙生植物
和热带雨林植物种在一起，
因为它们的需求差异很大。

封闭玻璃容器

这类玻璃生态瓶中的植物构成一个微型生态系统，使得植物们无需过多照料，也能存活相当长时间。水分被封闭在容器内部，就像恒温器一样，控制着内部环境。容器内部温度稳定，很少受到外部因素影响，为喜欢高湿度的植物提供绝佳的生长条件。封闭容器最适合室内热带观叶植物。

敞口玻璃容器

这类玻璃生态瓶主要种植多肉植物和生活在沙漠中的植物，因为它们喜欢通风环境。与封闭容器不同，敞口容器水分容易蒸发，所以需要定时浇水。但是它们也不喜欢积水，所以需要等待土壤干燥后再进行浇水。除了多肉植物和仙人掌，食虫植物和空气凤梨也能种植在敞口玻璃容器中。热带植物虽然也能用敞口容器种植，但是需要多浇水。

沙生植物

沙漠风格花园特别吸睛，因为这些耐旱植物的形状、色彩和质感多种多样，为我们提供了广泛的选择。适当条件下，沙漠风格生态瓶生命力顽强，对水分的需求很低。

仙人掌和多肉植物喜爱较为干燥、通风良好的环境，所以最好用敞口玻璃容器种植。

另外可以等土壤干透之后再浇水，它们不喜欢根部一直湿乎乎的，需要排水好的植料。

种植密度稀疏的生态瓶中，增添一些石块或小石子，会让它更加接近粗犷荒凉的沙漠风景。

森林植物

**这类生态瓶中的植物苍翠欲滴，
仿佛是微型雨林。
森林植物适合封闭容器（带有盖子）
或者开口非常小的容器，
因为它们需要温暖潮湿的环境才能茁壮成长。
这类生态瓶选择蕨类植物、室内植物
或热带植物再合适不过了。**

森林风格生态瓶十分容易养护，相比沙漠风格生态瓶，它更像一个自给自足的植物群落。你在老祖母家或者网上看到的生态瓶，有些已经存活了20多年甚至更久呢。

这些热带植物喜阴，因为在自然界，它们长年累月在雨林茂密的树冠下生长。

食虫植物

食虫植物真的是非常奇妙的一类植物。
它们会用气味和色彩
引诱昆虫进入它们的陷阱，
然后慢慢消化它们的猎物，
从而获取能量与营养。

它们的风格独树一帜，应当与其他种类的植物分开种植。它们喜爱类似沼泽的潮湿环境，但是最好用开口容器种植，这样才能让小昆虫飞进去。你也可以抓一些小虫子“喂养”这些植物，飞蛾、苍蝇、蚂蚁、蝴蝶、蜜蜂和黄蜂都能成为它们美味的食物。它们一般需要几天时间来消化猎物。不要用杀虫剂杀死虫子再“投喂”给植物，这会对它们产生不良影响。

食虫植物需要大量非直射阳光，所以要把生态瓶放在有光照的明亮处。它们不喜欢园艺土，更适合用珍珠岩（或园艺沙）和泥炭土以1∶1的比例混合作为植料。它们对自来水中的化学物质也十分敏感，所以最好使用蒸馏水或雨水（可能的话）浇灌，也可以将自来水放置12小时后再使用。

食虫植物有休眠期，所以冬天看到叶片枯萎可千万别太担心。冬天时，用塑料袋把玻璃生态瓶包起来，放在阴凉处。可以放在车库（如果你生活的地区比较温暖也可以放入冰箱），到来年春天再取出，放在有阳光的位置。

空气凤梨

空气凤梨属于凤梨科，非常独特，令人着迷。

空气凤梨不需要土壤也能生长，因为它们利用叶片来吸收营养与水分，它们的根只是用于把自己固定在树干或石头上。空气凤梨只需要最简单的养护，只要给它们提供空气、水和明亮的非直射光就足够。

空气凤梨最大的杀手是缺水。你需要每周将空气凤梨放在水中浸泡10—20分钟。从水中取出之后，甩掉多余的水，将它们充分晾干再放回玻璃容器中，否则容易腐烂。如果叶片卷起来，就说明它们没有吸收到足够的水分。

空气凤梨开花之后会长出小侧芽，这些侧芽会长成新的植株。

苔藓

在玻璃生态瓶中可能用到的苔藓有三种。

鲜活苔藓

这是一种生长在潮湿表面的无根植物。它利用水和空气，通过光合作用获得养分。鲜活苔藓喜欢潮湿阴暗的角落，在很多地方都能生长，比如花园背阴处、排水沟附近。鲜活苔藓可以移栽到生态瓶中，但是如果你是从公共场所收集苔藓，要留心不能破坏自然界的平衡，不要影响别人欣赏风景。

鲜活苔藓常常带有害虫和霉菌。先将其轻柔地清洗一遍，然后用清水浸泡，去除粘在上面的沙石和其他杂质，然后轻轻拍去多余水分。把它单独放在一个玻璃容器中隔离两周，然后再移栽到玻璃生态瓶中。

鲜活苔藓只能种植在低湿度的玻璃生态瓶中，并且需要良好的通风，所以不能种植在密闭容器中。苔藓容易发霉，所以需要仔细观察，如果有任何枯萎或长霉的迹象就要迅速移除，以免传染给其他健康的植物。过量浇水也会导致苔藓死亡。

如果你找不到鲜活苔藓，可以通过网络购买。

推荐玻璃生态瓶可使用的鲜活苔藓

- 白发藓（*Leucobryum glaucum*）
- 桧叶金发藓（*Polytrichum juniperinum*）
- 毛梳藓（*Ptilium*）

水苔

水苔也叫泥炭藓（sphagnum moss），是一种自然生长在沼泽的有机植物，它能存储自身重量20倍的水分，而且对细菌有天然抵抗力。在花店和园艺用品商店出售的水苔大部分都已经过处理压缩，不会长杂草。这种处理过的水苔已经失去生命力，在玻璃生态瓶中起到蓄水的作用。

食虫植物喜欢水苔，因为后者可以给它们提供稳定的酸性环境。食虫植物不在泥土里生长，它们更喜爱水苔提供的类似沼泽的生长环境。

使用前，将水苔浸泡在清水中，然后挤去多余水分，再放置到玻璃生态瓶中。

永生苔藓

如果找不到鲜活苔藓，永生苔藓也是个不错的选择。永生苔藓来自少数几个品种，比如驯鹿苔藓（reindeer moss，实际是一种地衣）、西班牙苔藓（Spanish moss，也有叫寄生藤）和片状苔藓（sheet moss）。这种苔藓是干的，可以染上不同颜色，丰富生态花园中景物的对比与质地。

永生苔藓更适合开口容器，因为它们长时间放在潮湿的地方，会容易发霉。因为对水分的需求不同，所以永生苔藓不要和鲜活苔藓混用。永生苔藓可以通过网络购买，或者在园艺手工用品商店购买。

植物

玻璃生态瓶植物

玻璃生态瓶中可选的植物十分丰富。
在此列举了一些我最喜欢的植物，
你应该也能在附近的花卉市场或园艺商店买到。
由于季节原因，某些植物只有在一年中
特定的时间段才能买到。
可以先从仙人掌、多肉植物区及室内植物、
蕨类植物区开始着手。一些大型园艺中心
甚至有自己的玻璃生态瓶专区，
你可以找到各种各样适合
制作迷你花园的小植物。

购买前，仔细检查植物，挑选最健康的植株，没有害虫和枯叶的。由于玻璃生态瓶内部空间有限，尽量挑选矮小的品种。

把你挑选出来的植物放在一起，看看这样的组合是否令你满意。尽量选择不同颜色、高度和质感的植物搭配。

随后几页的植物是按照生态瓶类型和种植兼容性来分组的。将习性相近的植物种植在一起，能够省心不少。同时也要做好心理准备，有些植物会存活，而有些会死亡，要从尝试与失败中学习，积累经验。

注：部分植物名称使用的并非正规的学名，而是目前植物市场中约定俗成的名称，以方便读者寻找和购买。

沙生植物

初绿
（Rhipsalis teres）
姬吹上
（Agave stricta nana）
红缘莲花掌
（Aeonium haworthii）
短毛丸
（Echinopsis seminudus）
铭月（Sedum Americanum）
玉缀
（Sedum morganianum）
照姬（Gasteria）
紫罗兰女王
（Echeveria）

佛珠吊兰
（*Senecio rowleyanus*）

黄丽（*Sedum adolphii*）

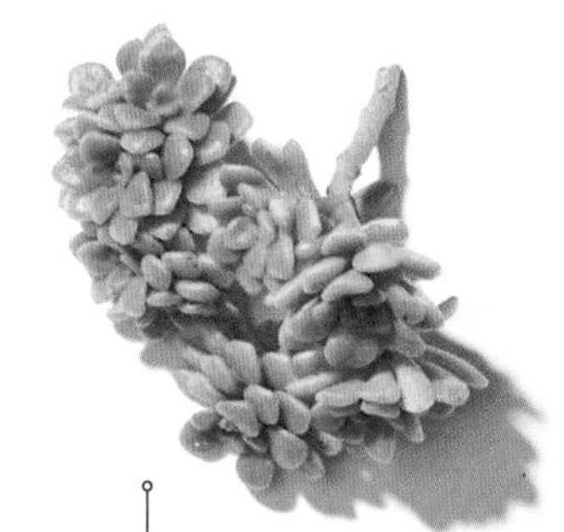

登天乐
（*Aeonium lindleyi*）

仙人柱（*Pilosocereus azureus*）

景天石莲属杂交品种
（*Sedeveria hybrid*）

虹之玉
（*Sedum rubrotinctum*）

绯牡丹（*Gymnocalycium mihanovichii friedrichii*）

沙生植物

奥普琳娜（*Graptoveria*）

丽盛丸（*Aylostera deminuta*）

帝玉（*Pleiospilos nelii*）

绿翡翠（*Echeveria*）

条纹十二卷（*Haworthia fasciata*）

凝脂莲（*Sedum clavatum*）

千代田之松变种
（*Pachyphytum compactum*）

白银之舞
（*Kalanchoe pumila*）

水晶掌
（*Haworthia cooperi*）

玉树
（*Crassula ovata*）

子持莲华
（*Orostachys macrophylla*）

白霜（*Sedum spathulifolium*）

虹之玉锦（*Sedum rubrotinctum var. roseum*）

千代田之松
（*Pachyphytum compactum*）

热带植物

休斯科尔球兰
（Hoya heuschkeliana）
复叶耳蕨
（Arachniodes standishii）
孔雀竹芋
（Calathea makoyana）
小翠云
（Selaginella kraussiana）
常春藤
（Hedera helix）
合果芋（Syngonium）

竹芋（Calathea）
袖珍椰子
（Chamaedorea elegans）
纽扣蕨
（Pellaea rotundifolia）
小叶白掌
（Spathiphyllum petite）
纽扣叶蔓椒草
（Peperomia prostrata）
虾蟆秋海棠
（Begonia rex）
嫣红蔓（Hypoestes）

热带植物

鹅掌藤
（*Schefflera arboricola*）

白脉椒草杂交品种
（*Peperomia marmorata*）

肾蕨（*Nephrolepis cordifolia*）

杂交椒草
（*Peperomia hybrid*）

花叶冷水花
（*Pilea cadierei*）

厚叶榕
（*Ficus microcarpa retusa*）

“阳光斑点”合果芋
（*Syngonium podophyllum*）

阴石蕨
（*Humata tyermanii*）

非洲堇（*Saintpaulia ionantha*）

菜豆树
（*Radermachera sinica*）

“霓虹”合果芋
（*Syngonium podophyllum*）

皱叶椒草
（*Peperomia marmorata*）

网纹草
（*Fittonia argyroneura*）

薜荔（*Ficus pumila*）

空气凤梨

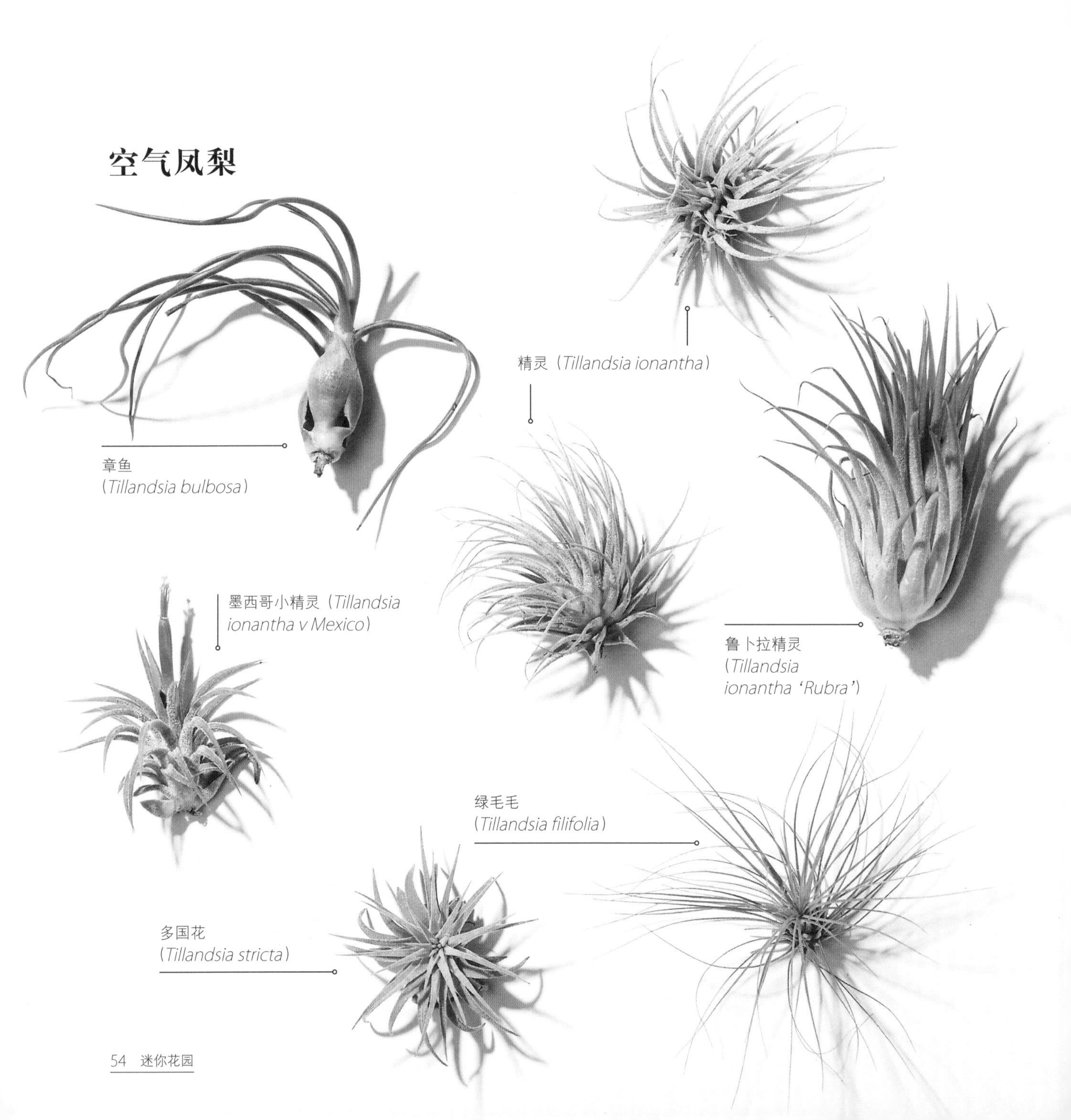

章鱼
（*Tillandsia bulbosa*）

精灵（*Tillandsia ionantha*）

墨西哥小精灵（*Tillandsia ionantha v Mexico*）

鲁卜拉精灵
（*Tillandsia ionantha 'Rubra'*）

绿毛毛
（*Tillandsia filifolia*）

多国花
（*Tillandsia stricta*）

食虫植物

紫瓶子草
（*Sarracenia purpurea*）

瓶子草（*Sarracenia xumlauftiana*）

杂交瓶子草
（*Hybrid Sarracenia*）

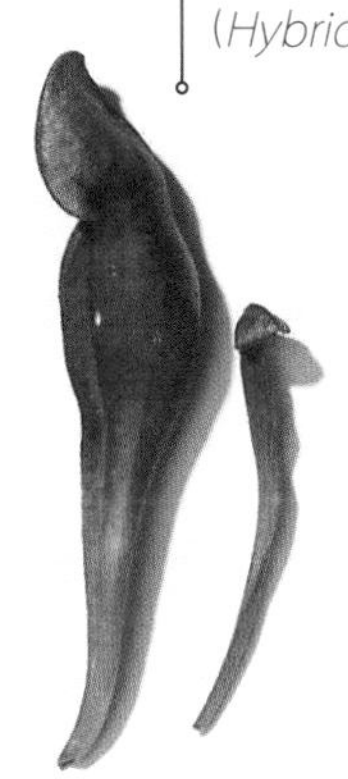

南非茅膏菜
（*Drosera capensis*）

捕蝇草
（*Dionaea muscipula*）

扦插繁殖

植物的繁殖

**很多玻璃生态瓶使用的植物
最让人高兴的一点是，
剪下枝条或叶子就能繁殖。**

很多植物拥有自我复制的神奇力量，利用茎或叶，你可以获得一棵全新的植物。寻找足够小、能种植在玻璃生态瓶中的植物有时候很难，或者需要花费很多，所以将自己已有的植物进行繁殖为你提供了更多选择。

我已经将繁殖植物的方法尽量简化了，如果要详细地说，我可以另外单独写一本书！如果你有兴趣，也可以上网查找相关资料。

室内热带植物

切茎扦插

挑选一根没有开花的嫩枝，找到大约10厘米处的茎节（新叶冒芽处），在茎节上方剪断。这是植物生长最活跃的部位。将剪下来的茎直接埋入湿润的土壤或插入水中。如果你想加快生长，也可以蘸取一些生根粉。7—14天之后，新根萌发。放置在温暖的有非直射阳光的明亮处。

叶插繁殖

肉质叶的植物可以用这个方法。将健康的叶片从靠近茎干的部位剪下，将叶片末端埋入园艺土中。你可以用带有透明盖子的容器，或者直接将花盆用透明塑料袋包起来，这样可以增加湿度，做成一个微型温室。

最佳繁殖季节是春季或初夏。保持土壤湿润，避免阳光直射。蛭石或排水性好的园艺土非常适合叶插。

最长可能需要8周时间长出新叶，全新的植株开始生长。小心地去掉原来的叶片，然后将新的植物移栽到玻璃生态花园中。

多肉植物

扦插

多肉植物繁殖超级容易。准备好干净的剪刀或锋利的刀，从母本切下约5厘米长、带有少量叶片的茎干，摘掉末端的几片叶子。晾几天，等它们“伤口”愈合，然后放在水里或直接插进土壤中。2周之后，你会发现长出新的须根。将它种到园艺土中，浇水，然后放置在明亮处。1个月之后，根系长稳之后，就可以移栽到你的玻璃生态花园中。

叶插

繁殖多肉植物的另一个方法就是利用它们的叶子。从母本摘下几片叶子，挨着茎干剪下。晾几天，让叶片末端收干。将叶片整齐地排列在园艺土上，喷一些水，然后放在明亮处。几周之后，叶片就会长出新叶与须根。将原来的叶子小心地去掉，然后移栽入大一些的花盆或直接种在生态瓶中。

组装你的迷你花园

建造你的迷你花园

无论是沙漠风格还是森林风格的玻璃生态花园，种植过程基本是一样的。准备好所有材料就可以开始了。

重要的是给自己留有足够时间。组装玻璃生态花园，可能需要20分钟—2小时不等，主要取决于它的复杂程度。

确保你的玻璃容器在使用前经过彻底清洗并晾干。将装备摆好，检查一遍植物，看看它们是否健康，有没有枯萎的叶子或者害虫。可以先将植物按照你想要的样式摆一摆位置。如果你对效果满意，就可以动手组装了！

本章将一步一步展示种植玻璃生态瓶的基本步骤，书中的每个样式都可以按照这个步骤种植。

1

准备好干净的
玻璃容器。

2

用碎石块或砾石
铺在容器底部，
大约占容器高度的1/5。

铺上分隔层（可选）。
剪一块比容器内部面积稍小
的包肉纸，然后铺在底部碎石上。

3

4
将吸满水的水苔
铺在分隔层上面，
将边缘的水苔压紧压实。
避免土块落到下面。
5
撒一层园艺木炭，
接着填土，土层高度
大约5—7厘米。

在你想要打造
小山包或制造地形
起伏的位置
再添加一些土。

6

7

挤压花盆四周，
轻轻地捏住植物底部，
将植物从花盆中取出。
将根部土球捏碎，
去掉多余的土壤，
修剪掉长度超过5厘米的须根。

10

用喷壶冲洗容器内壁。
给每棵植物浇足水。

在土壤中挖一个小土坑，
把植物的根部放入洞中，
然后再填土，压实，不要留下空隙。
将高大的植物或者大叶片植物
种植在后部，矮小的或地
被植物种植在前面。

8

9

最后加上景观石、装饰石、
沙石、水晶或小摆件，
为花园增添风景。

照料你的迷你花园

浇水

很难告诉你确切的浇水频率，
生态瓶类型、季节、温度和光照
都会影响植物对水分的需求量。
如果不确定是否要浇水，可以摸一摸土壤。
如果土壤干燥，就浇水；
如果潮湿，就不要浇水。
记得每周查看一下你的迷你花园，
因为环境变化非常迅速。

过度浇水是玻璃生态瓶最大的威胁。太多水分会让土壤湿漉漉的，而玻璃生态瓶没有排水，很难改善。容器中的水面高度不应超过底层的排水层的高度。

不论何时，最好用过滤过的水，或让自来水放置12小时以上再用。否则时间久了，自来水中的盐分与矿物质会沉积在生态瓶中。

开口容器

首先观察土壤，如果土壤干燥，可以往容器中添加最多125毫升水。夏季需要增加浇水频率，大约每周浇1次水。

封闭容器

几个小时的光照之后，封闭容器中就会产生雾气，这是蒸腾作用的效果。如果没有，说明植物需要更多的水分。缓缓加入125毫升水。密闭容器可以几个月不需要浇水，所以要当心不要浇过头。如果发现玻璃上有大颗水滴，说明内部过于潮湿，可以将盖子打开，敞口放置几天。用纸巾或抹布定期清洁擦拭玻璃容器。

光照

植物每天需要6—8小时光照。

玻璃生态瓶更喜欢非直射光，最好放在朝南的窗户边，因为这个位置非常明亮。将玻璃生态瓶离开窗户一段距离，这样阳光就不会直接晒到它。不要把生态瓶放在室外，尤其要避免午后刺眼的直射阳光，因为玻璃会聚焦太阳，灼伤植物。如果你发现植物都朝着一个方向歪，定期旋转容器，这样光照比较均匀。

玻璃生态瓶在荧光灯或LED灯的照射下也能健康成长。如果你的植物生活在人造光源之中，适当地给它制造一些黑暗的时间，让植物休息一下。

沙漠风格生态花园和多彩植物喜欢充足、明亮的非直射光，而森林风格则对光线需求较低。

修剪

**由于玻璃生态瓶中的空间并不大，
你需要定期修剪植物，
以免高大的植物遮挡住矮小植物需要的光线。
你可以使用剪刀或者直接用手折掉新的枝桠。
修剪下来的枝条可以再繁殖，
用来种植其他生态瓶。如果植物长得过大，
小心地把它移栽到别的地方。**

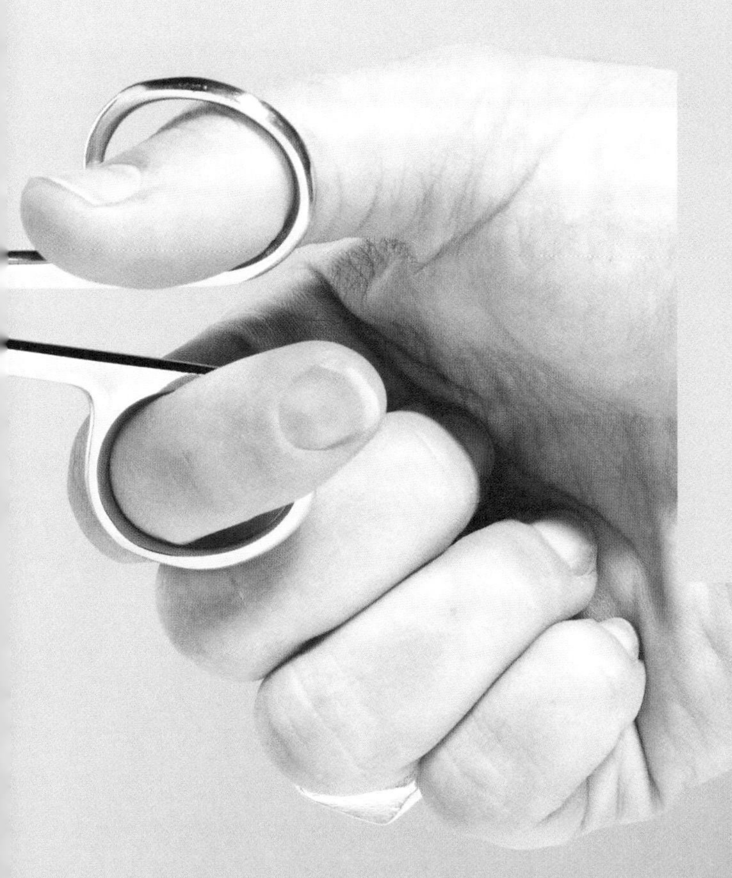

你也许会发现某些植物比其他植物长得更健壮。别觉得太残酷，自然法则就是适者生存。把长大并接触到封闭容器内壁的叶片去掉，因为长时间潮湿会让叶子腐烂发霉。此外，如果有植物枯萎也尽快移除，不然霉菌很快就会找上其他植物，并且在玻璃容器中迅速扩散。

时间久了，你也许会注意到某些植物的根系长满花盆。如果这样，可以取出植物，修剪根系，或者将所有的植物换土重新种植，焕然一新。

害虫

有时候你会发现生态瓶内潜伏着害虫，
这些害虫有可能是从园艺土、
苔藓或者植物自己带来的。

症状	原因	处理方式
◎ 在叶片连接处有一团团白色絮状物	◎ 粉蚧	◎ 用棉签蘸取外用酒精轻轻擦拭，或使用除虫菊酯喷雾（大部分超市有售的无毒杀虫剂）。如果状况没有改善，请将植物从生态瓶中移出
◎ 黏稠的、发亮的污渍 ◎ 叶片发黄	◎ 蚜虫——常常聚集在嫩茎和叶片周围的小害虫。它们吸吮植物汁液，阻碍植物生长，甚至导致植物死亡	◎ 使用除虫菊酯喷雾或移出受影响的植物
◎ 叶片发白，没有光泽 ◎ 有细细的白色蛛丝 ◎ 叶片上出现黄色斑块	◎ 红蜘蛛——成虫是褐色的，椭圆形，非常小（肉眼看起来很费力）。它们吸吮植物汁液，常常躲在叶片背面做恶	◎ 用杀虫皂水、除虫菊酯喷雾或外用酒精清洗叶片 ◎ 如果状况没有改善，请将植物从生态瓶中移出

症状	原因	处理方式
◎ 嫩芽枯萎 ◎ 叶片背面有米粒大的幼虫	◎ 粉虱——常常躲在叶片背面进食的白色小飞虫，让植物变得虚弱	◎ 在叶片背面喷洒杀虫皂水，确保所有幼虫都被喷洒到
◎ 小小的黑色飞虫	◎ 小黑飞（蕈蚊）——它们受到室内植物和潮湿土壤的吸引，无害却令人讨厌	◎ 首先，让土壤内彻底干燥几天，这会减少土壤对小黑飞的吸引力 ◎ 在土壤表层撒一勺肉桂粉（天然杀霉菌剂），或在容器内喷洒除虫菊酯喷雾
◎ 叶片被啃食或失踪	◎ 毛毛虫——它们通常夜间活动，十分贪婪，白天则会躲藏起来	◎ 迅速采取行动，以减少损失。仔细检查植物，及时去除毛毛虫。如果你找不到罪魁祸首，在容器内喷洒除虫菊酯喷雾

提示与窍门

定期仔细观察你的花园是否有病虫害的迹象。
如果植物看起来不太健康，首先检查植物根系是否牢固地被土壤覆盖，
这样才能将水分输送到植物各个部位。假如问题依然存在，
可以参考以下建议，帮助植物健康生长。

症状	原因	处理方式
◎ 植物生长杂乱无章	◎ 已经种植多年	◎ 小心地取出所有植物进行修剪，分离、拯救。清空玻璃容器并清洗干净，重新种植
◎ 植物长得太高或徒长	◎ 光线不足	◎ 修剪植物，然后挪到离光源更近的位置
◎ 霉菌或真菌	◎ 光线不足 ◎ 过分潮湿	◎ 移除受感染的植物，或刮掉霉菌或真菌
◎ 叶子变黄，并脱落	◎ 水分过多 ◎ 光照不足	◎ 减少浇水；如果使用了封闭容器，打开盖子晾几天 ◎ 挪到光照更充足的区域 ◎ 移除受影响的植物
◎ 叶片看起来蔫蔫的	◎ 种植不当 ◎ 光线不足	◎ 土壤应当牢固地覆盖所有根系，不要留空隙，这能让植物吸收更多水分 ◎ 挪到光照更充足的区域

症状	原因	处理方式
◎ 盐渍沉淀在玻璃上	◎ 自来水	◎ 将自来水静置12小时后再用于浇水，或者使用纯净水
◎ 叶片变干、松脆	◎ 水分不足 ◎ 种植不当	◎ 加入125毫升水 ◎ 保证土壤应当牢固地覆盖所有根系
◎ 玻璃上长出绿藻	◎ 潮湿	◎ 定期用纸巾或抹布清洁玻璃内壁，不要使用清洁剂
◎ 蘑菇	◎ 土壤内有细菌 ◎ 没有足够的活性炭	◎ 如果植物本身健康，移出植物，将根部土壤冲洗干净 ◎ 清空玻璃容器，杀菌，更换新土，重新种植
◎ 叶子枯萎，有黑斑	◎ 过多直射阳光	◎ 放置到没有直射阳光的区域
◎ 石子上有白色霉斑	◎ 可能买了有光亮涂层的石子	◎ 移出受影响的石子，彻底刷洗
◎ 茎干与叶子反面有黏糊糊的棕色污渍	◎ 介壳虫病害	◎ 用棉签蘸取外用酒精擦拭受影响的区域，或使用杀虫喷雾
◎ 霉味	◎ 活性炭不够	◎ 在表面添加一些园艺活性炭

装饰你的迷你花园

装饰品

尽管玻璃生态花园内的景观本身
已经足够漂亮了，
但是仍有无穷的可能性，
让你的迷你花园具个人特色。
你只是还没有发挥想象力！
挑选硬质材料制成的装饰物，
例如塑料、石头或玻璃，
因为多孔或海绵般的材质容易腐烂。

选定一个主题。这个主题不仅将决定你会将哪些植物种植在花园中，也会给你的花园增添趣味。小摆件、水晶、贝壳和骨制品都可以给你的花园增色。

当然添加这些额外的元素也要谨慎，避免整个花园显得俗气和矫揉造作。同时也不能让它们喧宾夺主，把它们放置在稍隐蔽一些的位置，反而能给观赏者带来惊喜。记住：少即多！

小摆件

我喜欢用迷你人偶和动物玩偶
在迷你花园中打造小场景。
可选择的素材非常丰富。

你可以购买迷你火车站模型场景中的任何人物。选择HO比例（1∶87）的模型，小人偶高度大约2.5厘米，放在迷你花园中再合适不过。思乐品牌（Schleich）有迷你仿真动物系列，我最爱把他们的鹿、猫鼬和兔子藏在植物之中或岩石后面。你还可以通过网店、折扣店、市场购买，甚至可能在孩子的玩具箱中找到合适的玩偶。

和孩子一起打造一个童话花园或者恐龙主题花园，正好可以寓教于乐，给他们介绍园艺知识，同时也可以作为孩子房间里的装饰品。你可以在花园中添加玩具恐龙、小仙女或者迷你蘑菇。

紫水晶
玛瑙片
紫水晶
印度鱼眼石
鱼眼石晶簇

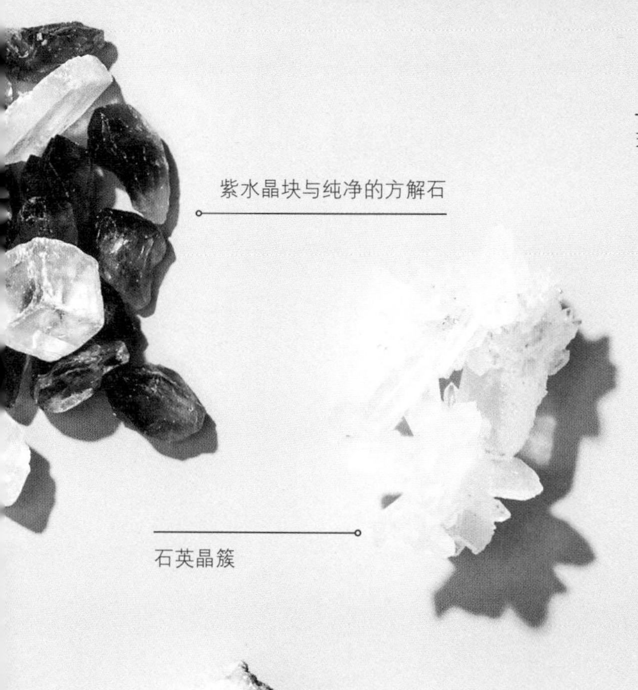

珊瑚石英

紫水晶块与纯净的方解石

石英晶簇

绿色鱼眼石

水晶

天然水晶可以用来装饰任何一种玻璃生态瓶。它们可以替代岩石，成为花园中的焦点。

自古以来，人们就认为水晶具有保持身体健康、沉静心灵的功效，将其与植物这样的天然元素组合，将打造出非常特别的迷你花园。寻找能够衬托植物形状与颜色的水晶，在景观中摆放，或者用小玻璃珠代替。

以下是一些水晶品种，你可以通过网络购买，或者在水晶商店购买。

- 紫水晶：淡紫色到深紫色
- 印度鱼眼石：白色
- 石英晶簇：水晶集合
- 绿色鱼眼石：薄荷绿
- 珊瑚石英：米白，珊瑚状
- 鱼眼石晶簇：包裹在岩石中的黑色石头
- 玛瑙片：粉色，有白色圆环
- 紫水晶块与纯净的方解石：小块的紫色与白色晶体

贝壳

**贝壳能给你的花园增添可爱的沙滩气息。
它们的形态与质地选择多样，
你可以用小贝壳替代小石块。**

你可以通过网络或在水族用品商店购买贝壳，当然也可以在海滩找到不少。只要留心，你可以从大自然中获取很多有趣的小东西。各种贝壳、珊瑚碎块、海扇、海胆，都能成为生态瓶的装饰品。

参考样式

开始制作

动手时间到了。你已经学习了玻璃生态瓶的基础知识，现在就开始打造属于自己、独一无二的美丽迷你花园吧。

以下的参考样式将逐步提高难度。简单的样式可以作为亲子活动，或者你可以先从简单的样式开始练练手。

制作玻璃生态瓶并没有所谓绝对正确或绝对错误的方法，只要适合自己就好。尝试不同的植物、装饰和器皿，看看它们会发生什么样的化学反应。你也可以将这些样式作为指导，然后添加自己的创意，或者利用手边的植物即兴创作。无论哪种方法，本章节中各式各样的玻璃生态瓶将带给你启发，帮助你提高制作玻璃生态瓶的水平。

注：参考样式中1杯（1Cup）约为250毫升。

盆景

这个小型玻璃生态瓶制作非常简单，
尽管只有一棵植物作为主角，
看起来也非常漂亮。
我还添加了一只小鹿玩偶在其中“漫步”。

基础装备

30厘米的玻璃花瓶

1杯乳白色小石子

牛皮纸张（或者分隔层，参见第25页）

1杯干水苔

⅓杯园艺木炭

2杯园艺土（或非洲堇专用园艺土）

植物

1棵厚叶榕（*Ficus microcarpa retusa*）

装饰

1根长有地衣的树枝

1块大石头

1小把黑色鹅卵石

1大勺园艺沙

½杯鲜活苔藓

1只小鹿玩偶（HO比例）（可选）

步骤

1. 将玻璃花瓶内外清洗干净。
2. 将乳白色小石子倒入花瓶，轻轻摇晃，让石子均匀地平铺在瓶底。如果需要的话，添加分隔层。
3. 把水苔放入水中浸泡片刻，取出后轻轻挤掉多余水分，然后在石子或分隔层上铺成薄薄的、紧实的一层。将园艺木炭均匀地洒在水苔上。
4. 先取一半园艺土倒入玻璃容器，打造出高低起伏的“地形”。
5. 将厚叶榕从原来的花盆中取出，轻柔地去除多余土壤。
6. 把植物放入花瓶，轻轻地将根须压入园艺土中，然后将剩余的园艺土加入，覆盖住根部。主根可以露出土壤。
7. 添加腐木枝、大石块、黑色鹅卵石、园艺沙和小鹿。如果需要，可以在石块之间用苔藓装饰。
8. 用喷壶给植物浇水。

养护要点：

厚叶榕非常强健，在强烈的非直射阳光和微弱光线下都能生存。

定期浇水。如果土壤较干燥，则需将½杯水缓缓地倒入花瓶中。

任何一种大型花瓶都能用于制作本款生态瓶。

时常修剪枝叶，保持盆景的形态。

悬挂花园

垂吊型植物可以用来制作悬挂式生态瓶，
增加起居室的丛林既视感。

基础装备
25厘米的悬挂式几何风格种植容器
1杯黑色小石子
⅓杯园艺木炭
2杯混合园艺土（或非洲堇专用园艺土）

植物
1棵休斯科尔球兰（*Hoya heuschkeliana*）

装饰物
1块中等大小的石块
1小把黑色鹅卵石
¼杯灰色小石子

黑色小石子

混合园艺土

园艺木炭

步骤

1. 将玻璃容器内外清洗干净。
2. 将容器挂起来，或者放置在空花盆上，保持直立，开始种植。
3. 将黑色小石子倒入容器底部，轻轻摇晃，让石子均匀地平铺在容器底部。
4. 将园艺木炭洒在石子上。
5. 将大部分园艺土倒入容器，高度到达容器开口处。在土中央挖一个小洞。
6. 把植物从花盆中取出，轻柔地刮掉多余土壤。
7. 把根部土团埋入洞中，枝条悬挂于容器开口之外。
8. 加入剩余的园艺土，盖住根部，压紧压实。
9. 将石块、黑色鹅卵石和灰色小石子放置在植物周围，固定住植物。
10. 用喷壶给植物浇透水。
11. 用铁丝或粗绳将花盆悬挂起来。

养护要点

非直射光。

定期浇水。如果土壤较干燥，则需将½杯水缓缓地直接倒入土壤中。夏季要注意保持土壤湿润。

不要添加过多石块和石子，不然整个生态瓶会太重。球兰容易繁殖——剪下一小段枝条，放入水中，等一段时间就会生根。

球兰生命力旺盛，还会开出美丽的花朵。开花后请将残花修剪掉。

空气胶囊

将几个这样的生态瓶悬挂在一起，
立刻为居室增添绿意。

基础装备

20厘米的悬挂式椭圆玻璃花瓶

¼杯黑色小石子

植物

1棵多国花（*Tillandsia stricta*）

1棵绿毛毛（*Tillandsia filifolia*）

1棵墨西哥小精灵（*Tillandsia ionantha v Mexico*）

装饰物

3簇永生驯鹿苔藓

2块中等大小石块

步骤

1. 将玻璃容器内外清洗干净。
2. 将空气凤梨放置在清水中浸泡30分钟。
3. 将小石子倒入容器，放入2块中等大小的石块。
4. 取出空气凤梨，甩掉多余水分。如果长期过于潮湿，空气凤梨会腐烂。
5. 将空气凤梨放入容器内。
6. 加入永生驯鹿苔藓。
7. 用鱼线或绳子穿过容器顶部的小孔，悬挂在明亮处。

多国花
绿毛毛
墨西哥小精灵

养护要点

明亮的非直射阳光。

每周取出空气凤梨，在清水中浸泡30分钟。温暖的季节可以用喷壶给叶子喷水。

空气凤梨不需要土壤；它们利用根将自己固定在岩石或树干上。

如果叶子卷起来，说明植物缺水。

罐装风景

本款样式利用了厨房的旧储物罐。
把它们变成迷你花园实在太合适了！

基础装备

25厘米带盖密封罐

1杯乳白色小石子

牛皮纸（可选的分隔层，见第25页）

1杯干水苔

⅓杯园艺木炭

2杯混合园艺土

植物

1棵垂叶榕（*Ficus benjamina*）

1棵红网纹草（*Fittonia verschaffeltii*）

1棵阴石蕨（*Humata tyermanii*）

1棵小翠云（*Selaginella kraussiana*）

装饰物

1块中等大小石块

1小把鹅卵石

¼杯黑色小石子

1撮鲜活苔藓

1个猫鼬摆件

养护要点

明亮的非直射阳光。

如果是密封玻璃容器，你可能无需多浇水。如果需要的话，每隔几个月，打开罐子，然后将½杯水缓缓加入土壤中。

密闭的玻璃容器内部会起产生水汽。这说明内部的生态循环正在有效地工作。如果玻璃内壁出现大颗水滴，说明容器内部湿度过高。发生这种情况的话，将盖子打开，敞口通风几天。

如果鲜活苔藓开始变成棕色或发霉腐烂，请将原来的苔藓取出，并更换上新鲜的苔藓。

垂叶榕
红网纹草
阴石蕨
小翠云

步骤

1. 将玻璃容器内外彻底清洗干净。
2. 将乳白色小石子倒入密封罐底部，轻轻摇晃，让石子均匀地平铺在瓶底。如果需要，添加分隔层。
3. 把水苔放入水中浸泡片刻，取出后轻轻挤掉多余水分，然后在石子或分隔层上铺成薄薄的、紧实的一层，避免上方的土壤落到排水层中。
4. 将园艺木炭均匀地洒在水苔上。
5. 将一半园艺土倒入容器，制造出高低起伏的地形。
6. 把植物从花盆中取出，轻柔地去除多余土壤。
7. 将植物摆放到玻璃容器内，加入剩余的土壤，覆盖住植物根部，压紧。
8. 将石块、鹅卵石和小石子放置在植物之间，然后再将鲜活苔藓放置在四周。添加猫鼬摆件。
9. 用喷壶给植物浇透水。

鲜活苔藓

迷你玻璃球

悬挂式球形玻璃烛台制作生态瓶也很合适。
不需要泥土就能生存的空气凤梨特别适合，
因为这样可以减轻整体的重量。

基础装备

15厘米悬挂式球形玻璃烛台

¼杯灰色装饰石

¼杯玻璃小珠

植物

1棵多国花（*Tillandsia stricta*）

1棵鲁卜拉精灵（*Tillandsia ionantha ‘Rubra’*）

1棵墨西哥小精灵（*Tillandsia ionantha v Mexico*）

1棵蜜桃小精灵（*Tillandsia ionantha ‘Peach’*）

装饰物

1小把珊瑚沙

1把小贝壳

1只海胆壳

1只干海星

步骤

1. 将玻璃容器内外清洗干净。
2. 将空气凤梨放置在清水中浸泡30分钟。
3. 将灰色小石子倒入容器。
4. 将玻璃珠放入容器，集中放置在前部。
5. 取出空气凤梨，甩掉多余水分。如果长期过于潮湿，空气凤梨会腐烂。
6. 将空气凤梨放入容器内。
7. 加入珊瑚、贝壳、海胆壳与海星。
8. 用鱼线或绳子穿过容器顶部的小孔，悬挂在明亮处。

养护要点

明亮的非直射阳光。

每周取出空气凤梨，在清水中浸泡30分钟。温暖的季节可以用喷壶给叶子喷水。

空气凤梨不需要土壤，它们利用根将自己固定在岩石或树干上。

如果叶子卷起来，说明植物缺水。

小贝壳

海胆壳与干海星

珊瑚沙

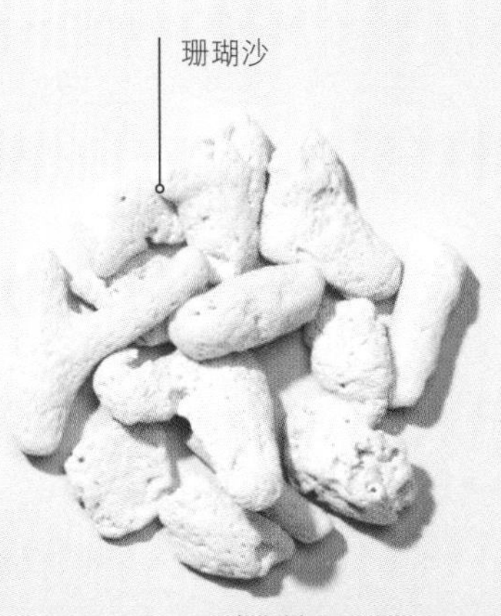

球形玻璃缸

在花园中央集中地种植几棵植物，
会制造出一种特别有活力的效果，
而且可以让你在植物周边创造独特的景观。

基础装备

30厘米球形玻璃缸

2杯黑色小石子

⅓杯园艺木炭

2杯混合园艺土（或非洲堇专用园艺土）

植物

1棵虾蟆秋海棠（*Begonia rex*）

1棵小叶白掌（*Spathiphyllum petite*）

1棵天使泪（*Soleirolia soleirolii* ）

1棵椒草（*Peperomia marmorata × metallica*）

1棵红网纹草（*Fittonia verschaffeltii*）

装饰物

1块中等大小石块

1小把黑色鹅卵石

¼杯灰色小石子

步骤

1. 将玻璃容器内外清洗干净。
2. 将黑色小石子倒入容器底部，轻轻摇晃，让石子均匀地平铺在底部。
3. 将活性炭均匀地洒在石子上。
4. 将¾园艺土倒入容器，在中央堆起一个小土丘。
5. 把植物从花盆中取出，轻柔地去除多余土壤，只留下根部土球。
6. 将高大的植物种在中央，矮小的植物种植在四周。天使泪是一种美丽的地被植物，将其分成几簇，种在边缘。加入剩余的园艺土，盖住植物根部，压紧压实。
7. 最后加入石块、鹅卵石和灰色小石子。
8. 用喷壶给植物浇透水。

黑色鹅卵石

中等大小石块

灰色小石子

养护要点

非直射阳光。

土壤看起来干燥的话，将1杯水缓慢地直接倒入土壤中。

彩叶植物需要更多光线和水分。

如果植物朝一个方向生长，定期旋转容器。

玻璃盘花园

圆形敞口玻璃容器最适合制作沙漠景观。它们摆放在任何地方都会成为焦点。

基础装备

30厘米圆形玻璃碗

4杯乳白色小石子

½杯园艺木炭

6杯混合园艺土（或多肉专用园艺土）

植物

3棵绿玉树（*Euphorbia tirucalli*）

2棵玉树（*Crassula ovata*）

2棵虹之玉锦（*Sedum rubrotinctum var. roseum*）

1棵登天乐（*Aeonium lindleyi*）

1棵筒叶花月（*Crassula ovata*）

2棵红缘莲花掌（*Aeonium haworthii*）

1棵凝脂莲（*Sedum clavatum*）

1棵紫罗兰女王（*Echeveria*）

装饰物

4块大石块

1把黑色和褐色鹅卵石

1杯有光泽的黑色装饰石

养护要点

明亮的非直射阳光。

冬天每个月浇1次水，夏天每2周浇1次水：1杯水缓慢地倒入土壤中。浇水间隙，让土壤能够彻底干燥。

沙漠花园要注意修剪。

如果植物朝一个方向生长，时不时旋转容器。

步骤

1. 将玻璃容器内外清洗干净。
2. 将乳白色小石子倒入玻璃碗底部，轻轻摇晃，让石子均匀地平铺在碗底。
3. 将活性炭均匀地洒在石子上。
4. 将¾的混合园艺土倒入容器。
5. 把植物从花盆中取出，轻柔地去除根部多余的土壤。
6. 在土壤中挖几个小坑。将矮小的植物种在边缘，高个植物种在中央。加入剩余的园艺土，盖住植物根部，压紧压实。
7. 最后加入大石块、鹅卵石和黑色装饰石，放置在边缘和植物之间。
8. 用喷壶给植物浇透水。

绿玉树
玉树
虹之玉锦
登天乐
筒叶花月
红缘莲花掌
凝脂莲
紫罗兰女王

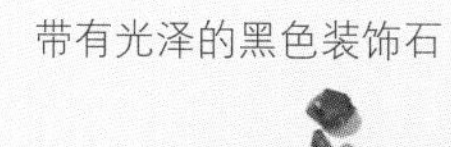

大石块

黑色与褐色鹅卵石

带有光泽的黑色装饰石

水滴形花瓶

你可以在迷你花园中添加玩偶，来讲述一个故事——这个场景中，一位女性正在拍摄一只罕见的巨型丛林“杀手兔”。

基础装备

- 20厘米水滴形花瓶
- 2杯砾石
- 牛皮纸（可选的分隔层，参见第25页）
- 1杯干水苔
- ⅓杯园艺木炭
- 2杯混合园艺土（或非洲堇专用园艺土）

植物

- 1棵常春藤（*Hedera helix*）
- 1棵花叶冷水花（*Pilea cadierei*）
- 1棵鹅掌藤（*Schefflera arboricola*）
- 1棵“霓虹”合果芋（*Syngonium podophyllum* ‘*Neon*’）

装饰物

- 1把永生西班牙苔藓
- 1块大石块
- 1把黑色鹅卵石
- ⅓杯黑色小石子
- 1个人物模型（HO比例）
- 1个兔子摆件
- 强力胶

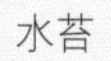

养护要点

明亮的非直射阳光。

冬天每个月浇1次水，夏天每2周浇1次水：直接将½杯水缓缓倒入土壤中。

添加永生西班牙苔藓是为了增加这个花园的隐蔽感。在封闭的玻璃容器中，由于湿度高，这种苔藓可能会发霉腐烂。

大型的植物需要定期修剪，以免枝叶长到容器外面。

混合园艺土

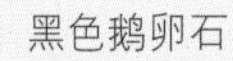

大石块

常春藤
花叶冷水花
鹅掌藤
合果芋

步骤

1. 将花瓶内外彻底清洗干净。
2. 将砾石倒入花瓶底部，轻轻摇晃，让石子均匀地平铺在瓶底。如果需要，添加分隔层。
3. 把水苔放入水中浸泡片刻，取出后轻轻挤掉多余水分，然后在石子或分隔层上铺成薄薄的、紧实的一层，避免上方的土壤落到排水层中。
4. 将园艺木炭均匀地洒在水苔上。
5. 将¾园艺土倒入容器，在中央堆起小土丘。
6. 把植物从花盆中取出，轻柔地去除多余土壤。
7. 将植物种植在玻璃容器中央；加入剩余土壤，覆盖住植物根部，压紧。
8. 将永生西班牙苔藓添置在植物之间，打造出密林效果。
9. 在边缘放置石块、鹅卵石和小石子。
10. 用强力胶把玩偶粘在石块上，放入花园内。
11. 用喷壶给植物浇透水。

永生西班牙苔藓

完美“瓶子”

对于食虫植物而言，
大鱼缸能够给它们制造理想的生长条件，
你可以把手伸进去，喂它们吃虫子。
孩子们一定会乐此不疲的！

基础装备

35厘米的玻璃鱼缸

3杯砾石

½杯园艺木炭

1杯泥炭土

1杯园艺沙

植物

3棵瓶子草（*Sarracenia x umlauftiana*）

装饰物

2块大石块

1把黑色鹅卵石

1杯鲜活苔藓

步骤

1. 将鱼缸内外彻底清洗干净。
2. 将砾石倒入鱼缸底部，轻轻摇晃，让石子均匀地平铺在缸底。
3. 将园艺木炭均匀地洒在砾石上。
4. 将泥炭土和园艺沙混合在一起，取一半加入鱼缸。
5. 把植物从花盆中取出，轻柔地去除多余土壤。将植物种植在鱼缸中央；加入剩余土壤，覆盖住植物根部。
6. 将大石块和鹅卵石放置在植物之间；在边缘添加鲜活苔藓。
7. 用喷壶给植物浇透水。

养护要点

大量明亮的非直射阳光。

食虫植物喜欢潮湿的沼泽环境。可能的话，使用蒸馏水或雨水浇灌，因为它们对自来水中的化学物质非常敏感。夏季每周浇水1次，直接将½杯水缓缓倒入土壤中；寒冷的季节，它们对水分的需求降低。

冬季，瓶子草会休眠，叶子会枯萎。把生态瓶放在凉爽的地方，等到春季会重新萌发新叶。如果植物朝一个方向生长，可以时不时旋转容器。

食虫植物会捕捉并消化昆虫来获得养分，所以每周可以投喂小昆虫到它们的陷阱中。

大石块

几何风格

几何风格的立方体玻璃容器
绝对能打造出出彩的效果。
干净利落的线条与植物柔和的轮廓
形成反差，格外漂亮。

基础装备

- 20厘米的玻璃立方体容器
- 2杯砾石
- 褐色纸张（可选的分隔层，参见第25页）
- 1杯干水苔
- ⅓杯园艺木炭
- 2杯混合园艺土（或非洲堇专用园艺土）

植物

- 1棵阴石蕨（*Humata tyermanii*）
- 1棵纽扣叶蔓椒草（*Peperomia prostrata*）
- 1棵竹芋（*Calathea*）
- 1棵小叶白掌（*Spathiphyllum petite*）
- 1棵杂交椒草（*Peperomia hybrid*）

装饰物

- 3块大石块
- 1把黑色鹅卵石
- ⅓杯灰色小石头

步骤

1. 将玻璃容器内外彻底清洗干净。
2. 将砾石倒入容器底部，如果需要，添加分隔层。
3. 把水苔放入水中浸泡片刻，取出后轻轻挤掉多余水分，然后在石子或分隔层上铺成薄薄的、紧实的一层，避免上方的土壤落到排水层中。
4. 将园艺木炭均匀地洒在水苔上。
5. 将¾园艺土倒入容器，在中央堆起小土丘。
6. 把植物从花盆中取出，轻柔地去除多余土壤，只留下根部的小土团。
7. 高个子植物种在靠后的位置，矮个子种在前部。加入剩余的园艺土，覆盖住植物根部，压紧。
8. 加入大石块、鹅卵石和灰色小石子。
9. 用喷壶给植物浇透水。

阴石蕨
纽扣叶蔓椒草
竹芋
小叶白掌
杂交椒草

养护要点

非直射阳光。

这个容器有一扇玻璃门。把门关上的话，植物只需要少量水；如果门一直敞开，定期浇水，不要让土壤干透。

几何风格的立方体玻璃容器可以通过网络购买。

如果玻璃门保持关闭，需要定期用纸巾擦拭玻璃容器内壁。

刺“梨”

这是一个仙人掌乐园！
玻璃容器保护手指不被尖尖的针叶刺伤。

基础装备

35厘米的梨形玻璃容器

3杯黑色小石子

½杯园艺木炭

4杯混合园艺土（或多肉植物专用园艺土）

植物

1棵绯牡丹（*Gymnocalycium mihanovichii friedrichii*）

1棵条纹十二卷（*Haworthia fasciata*）

1棵仙人柱（*Pilosocereus azureus*）

1棵长生锦芦荟（*Aloe longistyla*）

3棵白檀（*Lobivia silvestrii*）

2棵蓝石莲（*Echeveria glauca*）

1棵假昙花（*Rhipsalidopsis gaertneri*）

装饰物

5块大石块

1把黑色鹅卵石

¼杯乳白色砾石

¼杯浅灰色石子

¼杯深灰色石子

步骤

1. 将玻璃容器内外彻底清洗干净。
2. 将黑色小石子倒入容器底部，轻轻摇晃，让石子均匀地平铺在玻璃瓶底。
3. 将园艺木炭均匀地洒在黑色小石子上。
4. 将¾园艺土倒入容器。
5. 把植物从花盆中取出，轻柔地去除多余土壤，只留下根部的小土团。
6. 较高大的植物种在中央，矮小的种在周围。加入剩余的园艺土，覆盖住植物根部，压紧。
7. 添加大石块和鹅卵石，放置在植物之间。
8. 乳白色石子集中放置在一个区域，然后将浅灰色和深灰色石子放置点缀。
9. 用喷壶给植物浇透水。

养护要点

明亮的非直射阳光。

冬季每个月浇1次水：将½杯水缓慢地直接倒入土壤中；夏季每2周浇1次水。

需要用手接触仙人掌类植物时请佩戴园艺手套。

浇水间隙，让土壤干透。

绯牡丹
条纹十二卷
仙人柱
长生锦芦荟
白檀
蓝石莲
假昙花

浅灰色石子

乳白色石子

黑色鹅卵石

大石块

深灰色石子

水晶宫

沙漠风格花园中，天然水晶是绝妙的装饰物，因为它能使花园色彩更加丰富。天然水晶、多肉植物和仙人掌一起构成了奇妙的禅意花园。

基础装备

30厘米的圆形玻璃碗

4杯黑色小石子

½杯园艺木炭

6杯混合园艺土（或多肉植物专用园艺土）

植物

1棵姬吹上（*Agave stricta nana*）

2棵紫罗兰女王（*Echeveria*）

2棵奥普琳娜（*Graptoveria*）

1棵白霜（*Sedum spathulifolium*）

1棵千代田之松（*Pachyphytum compactum*）

1棵蓝松（*Senecio*）

装饰物

3块紫水晶晶簇

1把紫水晶碎块

1把方解石碎块

1杯小玻璃珠

1杯园艺沙

步骤

1. 将玻璃容器内外彻底清洗干净。
2. 将黑色小石子倒入玻璃碗，轻轻摇晃，让石子均匀地平铺在底部。
3. 将园艺木炭均匀地洒在黑色小石子上。
4. 将¾园艺土倒入容器，平铺一层。
5. 把植物从花盆中取出，轻柔地去除多余土壤，只留下根部的小土团。
6. 将植物摆放在盆器中。加入剩余的园艺土，覆盖住植物根部，压紧。
7. 添加水晶，然后沿着容器内壁将小玻璃珠和园艺沙放在植物外围。
8. 用喷壶给植物浇透水。

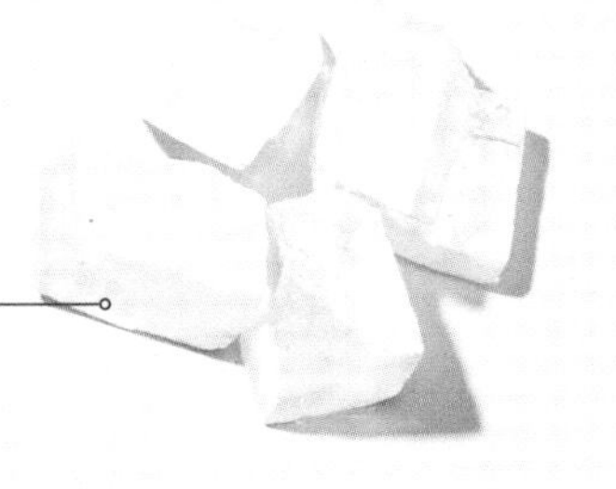

方解石石块

紫水晶碎块

养护要点

明亮的非直射阳光。

冬季每个月浇1次，将1杯水缓慢地直接倒入土壤中；夏季每2周浇1次水。浇水间隙，让土壤干透。

挑选植物时，尽量挑选柔和、中性的颜色，使之与水晶的色彩形成互补。

花谢后移除枯萎的花。

透明玻璃珠

园艺沙

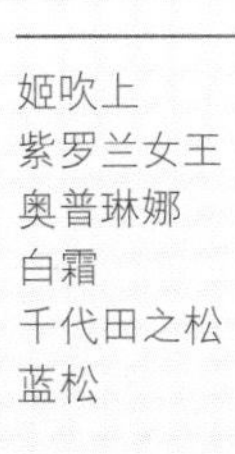

姬吹上
紫罗兰女王
奥普琳娜
白霜
千代田之松
蓝松

烧瓶花园

这款生态瓶利用了实验室的旧烧瓶。不仅外观好看，还因为它非常适合种植饥饿的食虫植物。

基础装备

- 3升的锥形烧瓶
- 1杯黑色小石子
- 牛皮纸（可选的分隔层，参见第25页）
- 1杯干水苔
- ⅓杯园艺木炭
- 1杯泥炭土
- 1杯园艺沙

植物

- 1棵捕蝇草（*Dionaea muscipula*）
- 1棵瓶子草（*Sarracenia*）
- 1棵南非茅膏菜（*Drosera capensis*）

装饰物

- 2块大石块
- ½杯鲜活苔藓
- 1把黑色鹅卵石

黑色小石子

泥炭土和园艺沙

园艺木炭

步骤

1. 将烧瓶内外彻底清洗干净。
2. 将黑色小石子倒入烧瓶底部，轻轻摇晃，让石子均匀地平铺。如果需要，添加分隔层。
3. 把水苔放入水中浸泡片刻，取出后轻轻挤掉多余水分，然后在石子或分隔层上铺成薄薄的、紧实的一层，避免上方的土壤落到排水层中。
4. 将园艺木炭均匀地洒在水苔上。
5. 泥炭土和园艺沙混合，取一半放入烧瓶中。
6. 把植物从花盆中取出，轻柔地去除多余土壤，只留根部的土团。
7. 将植物放置在土中，加入剩余土壤，覆盖住植物根部，压紧。操作时要小心，避免土壤落入植物的陷阱。
8. 在植物之间添加石块、鲜活苔藓和鹅卵石。
9. 用喷壶给植物浇透水。

养护要点

- 大量明亮的非直射阳光。
- 具有稳定湿度的温暖潮湿的环境最理想。每周加入½杯水。可能的话，使用蒸馏水或雨水，因为这些植物对自来水中的化学物质十分敏感。
- 通过网络上的教育用品或实验用品商店，可以购买到各种尺寸的实验烧杯和烧瓶。
- 食虫植物会捕捉并消化昆虫来获得养分，所以每周可以投喂小昆虫到它们的陷阱中。

木质风格

有时候“少即是多”。在这款生态瓶中，一棵袖珍椰子挺立在漂亮的地被植物中，异常醒目。

基础装备

25厘米有木质底座的玻璃容器

1杯乳白色小石子

⅓杯园艺木炭

2杯混合园艺土（或非洲堇专用园艺土）

植物

1棵袖珍椰子（*Chamaedorea elegans*）

1棵阴石蕨（*Humata tyermanii*）

1棵网纹草（*Fittonia argyroneura*）

1棵红网纹草（*Fittonia verschaffeltii*）

装饰物

2块大鹅卵石

1把黑色鹅卵石

⅓杯黑色小石子

步骤

1. 将玻璃容器内外彻底清洗干净。
2. 将乳白色小石子倒入容器底部，但是高度不要超过木质底座，这样就把排水层隐藏了起来。轻轻摇晃，让石子均匀地平铺在底部。
3. 将园艺木炭均匀地洒在排水层上。
4. 将¾园艺土倒入容器，在中央堆起小土丘。
5. 把植物从花盆中取出，轻柔地去除多余土壤，只留下根部的小土团。
6. 将植物放入玻璃容器。轻轻地把植物根系压入土壤，加入剩余的园艺土，覆盖住植物根部。
7. 沿着容器内壁加入大石块、鹅卵石和黑色小石子。
8. 用喷壶给植物浇透水。

养护要点

非直射阳光。

本款生态瓶是封闭的，所以对水的需求量不高。如果发现玻璃容器内壁上没有形成水气，或土壤摸起来有点干燥，缓慢地将⅓杯水倒入土壤中。

用纸巾定期擦拭玻璃容器内壁。

封闭式生态瓶能够自给自足，养护需求非常简单。

袖珍椰子
阴石蕨
网纹草
红网纹草

海滩贝壳

**贝壳与珊瑚给花园增添海滩的气息。
你可以在当地水族商店购买到
各种海洋元素材料。**

基础装备

35厘米包底花瓶

2杯砾石

½杯园艺木炭

2杯混合园艺土（或非洲堇专用园艺土）

植物

1棵合果芋（*Syngonium*）

1棵粉点嫣红蔓（*Hypoestes phyllostachya*）

1棵白色嫣红蔓

1棵非洲堇（*Saintpaulia ionantha*）

装饰物

1棵海铁树

1杯灰色装饰石

1杯珊瑚沙

1把贝壳

1只海胆壳

1只干海星

步骤

1. 将玻璃容器内外彻底清洗干净。
2. 将砾石倒入花瓶底部，但是高度不要超过包边底座，排水层就隐藏起来。轻轻摇晃，让石子均匀地平铺在底部。
3. 将园艺木炭均匀地洒在排水层上。
4. 将¾园艺土倒入容器，在中央堆起小土丘。
5. 将海铁树放置在花瓶内靠后的位置，插入园艺土中。
6. 把植物从花盆中取出，轻柔地去除多余土壤，只留下根部的小土团。
7. 将高个植物种在后部，矮个植物种在靠前的位置。加入剩余的园艺土，牢牢地覆盖住植物根部。
8. 沿着花瓶内壁加入装饰石和珊瑚沙，遮住土壤。再添加贝壳、海胆壳和干海星。
9. 用喷壶给植物浇透水。

养护要点

非直射阳光。

根据季节与气候，每7—14天，将半杯水缓慢地直接倒入土中。土壤需要保持湿润，但又不能过湿。

选择叶片具有白色的植物，与珊瑚和贝壳相呼应。

替换掉长得过快的植物。

合果芋
粉点嫣红蔓
白点嫣红蔓
非洲堇

去树林

**这款大型生态瓶使用了好几棵同种植物，
随着时间流逝，这些植物会制造出
迷你森林的效果。**

基础装备

40厘米的方形玻璃缸

4杯黑色鹅卵石

30厘米边长的方形包肉纸或防草布（分隔层，参见第25页）

2杯干水苔

½杯园艺木炭

2杯混合园艺土（或非洲堇专用园艺土）

植物

1小盆菜豆树（*Radermachera sinica*）

装饰物

1小把黑色鹅卵石

¼杯黑色小石子

2块大石块

1杯鲜活苔藓

养护要点

非直射阳光。

定期浇水。如果土壤干燥，缓慢地将1杯水直接倒在树上（这样水不会破坏土石的形状）。夏季要保持湿润。寒冷的季节，对水分需求减少。

方形玻璃缸在大部分水族用品商店可以购买到。

定期修剪树枝，保持每棵树的形态。

步骤

1. 将玻璃缸内外彻底清洗干净。
2. 将鹅卵石放置在玻璃缸底部，四周比中间高。
3. 添加分隔层。向分隔层喷水，让它变得柔软。
4. 把水苔放入水中浸泡片刻，取出后轻轻挤掉多余水分，然后沿着分隔层的四周铺成紧实的一圈，避免上方的土壤落到排水层中。
5. 将园艺木炭均匀地洒在水苔上。
6. 将⅔园艺土倒入容器，在中央堆起小土丘。
7. 把植物从花盆中取出，轻柔地去除根部多余土壤。如果有小棵植物挂在土团上，轻轻地分开。
8. 在土壤中挖几个洞，把植物种成一排。
9. 加入剩余的土壤，覆盖住植物根部，压紧。
10. 将剩余的鹅卵石沿着四周铺放，遮盖住分隔层，然后再用黑色小石子、大石块和鲜活苔藓装饰花园。
11. 用喷壶给植物浇透水。

鸣谢

我非常感谢以下机构与个人在创作本书时给予的慷慨支持。

收藏家角落（Collectors Corner）
www.collectorscorner.com.au
多肉植物，仙人掌，食虫植物，空气凤梨，热带植物和水晶。

比蒙德苗圃（Biemond Nursery）
www.biemond.com.au
室内，外来植物和蕨类植物。

Twenty21家居用品
www.twenty21.com.au
www.marblebasics.com.au
全书使用的漂亮大理石容器均来自“Mable Basics”品牌。

思乐（Schleich）
www.schleich-s.com.au
微型仿真动物模型。

感谢杰克·哈钦斯（Jack Hutchings），感谢你的爱与支持。感谢我的孩子哈兰（Harlan）和艾蒂（Ettie），感谢你们的热情并与我一起分享对迷你花园的热爱。感谢海伦·克雷根（Helen Cregan），您是最好的妈妈，还帮助我纠正语法错误。感谢大卫·克雷根（David Cregan）、埃尔斯佩斯·麦克唐纳（Elspeth MacDonald）、费利西蒂·杰克（Felicity Jack）、罗布·哈钦斯（Rob Hutchings）和苏·诺曼（Sue Norman），感谢你们一直以来的鼓励。感谢我可爱的助手奥拉·罗曼（Ola Roman）、杰姆·泰勒（Jem Taylor）和梅丽莎·德亚历山德罗（Melissa D'Alessandro）为我提供帮助，还有纳塔莉·特思布尔（Natalie Turnball）为我提供远程设计指导。感谢耶诺·卡皮塔尼（Jeno Kapitany），让我在你奇妙的苗圃四处搜罗。感谢史蒂夫·比蒙德（Steve Biemond)送给我一篮又一篮美妙的植物。感谢@家庭作业工作室（Homework studios）的拉腊·戴维斯（Lara Davis）和杰西·赖特（Jess Wright），你们是杰出的伙伴，感谢你们一直忍受我的混乱。感谢墨尔本美术用品商店（Melbourne Art Supplies），让我们利用你们的空间拍摄照片。感谢Twenty21的卡罗·坎波拉（Carlo Camopora）和Mable Basics的邦妮·亚当斯（Bonnie Adams）对我如此包容。感谢The Agent Group家居用品的亚当·布朗（Adam Brown）直到最后一刻还在帮助我收集道具。感谢Jacky Winter Group艺术工作室的杰里米（Jeremy）和贝西·奥平（Beci Orpin）为我提供有用的建议。感谢杰斯·摩尔（Jess Moore）和西蒙·希克斯（Simone Hicks）为我审阅样稿。感谢凯莉·沃克-波维（Kylie Walker-Povey）、梅尔·袁（Mel Yuan）和梅丽莎·佩因（Melissa Pain）帮助我照顾我的孩子。感谢露西·希弗（Lucy Heaver）让这个梦想变成现实！感谢凯特·巴勒克拉夫（Kate Barraclough)和马克·坎贝尔(Mark Campbell)的设计，让这本书兼具实用与美观！感谢理奇·麦克唐纳（Rich Macdonald），为本书拍摄没有反光倒影的出色照片——希望你永远无需拍摄其他玻璃容器了！最后感谢哈迪·格兰特（Hardie Grant）出版社，又出版了一本精彩的书。

本书献给迪克兰（Declan）。

图书在版编目（CIP）数据

迷你花园：打造你的玻璃生态瓶 ／（澳）克丽·克雷根（Clea Cregan）著；戴巧译. —武汉：华中科技大学出版社，2018.6

ISBN 978-7-5680-4048-8

Ⅰ.①迷… Ⅱ.①克… ②戴… Ⅲ.①花卉－观赏园艺 Ⅳ.①S68

中国版本图书馆CIP数据核字（2018）第086180号

Original Title: Miniscapes, first published in 2016 by Hardie Grant Books, an imprint of Hardie Grant Publishing

This edition first published in China in 2018 by Huazhong University of Science and Technology Press, Wuhan

湖北省版权局著作权合同登记 图字：17-2018-083号

迷你花园：打造你的玻璃生态瓶
Mini Huayuan: Dazao Ni De Boli Shengtaiping

（澳）克丽·克雷根／著 戴巧／译

出版发行：华中科技大学出版社（中国·武汉） 电话：（027）81321913
武汉市东湖新技术开发区华工科技园 邮编：430223
出 版 人：阮海洪

责任编辑：莽 昱 舒 冉 责任监印：郑红红 封面设计：秋 鸿

制 作：北京博逸文化传媒有限公司
印 刷：深圳市雅佳图印刷有限公司
开 本：889mm × 1194mm 1/20
印 张：8 字数：24千字
版 次：2018年6月第1版第1次印刷
定 价：79.80元

华中出版

本书若有印装质量问题，请向出版社营销中心调换
全国免费服务热线：400-6679-118 竭诚为您服务